# Contents
차례

**메이커스 주니어: 02 태양광전기자동차** 메이커스 주니어는 동아시아출판사의 브랜드 '동아시아사이언스'의 어린이·청소년 과학 키트 무크지입니다.

**펴낸날** 2020년 8월 24일 **펴낸곳** 동아시아사이언스 **펴낸이** 한성봉
**편집** 메이커스 주니어 편집팀 **콘텐츠제작** 안상준 **디자인** 권선우 최세정
**마케팅** 박신용 오주형 박민지 이예지 **경영지원** 국지연 송인경
**등록** 2020년 4월 9일 서울중 바00222 **주소** 서울특별시 중구 퇴계로 30길 15-8(필동1가 26)

**만든 사람들**
**책임편집** 이동현 **크로스교열** 안상준
**표지디자인** 김현중 **표지일러스트** 이예숙
**본문디자인** 김현중 안성진 **사진** 한민세

www.makersmagazine.net
cafe.naver.com/makersmagazine
www.facebook.com/dongasiabooks
makersmagazine@naver.com

## 교과맵

| 영역 | 핵심 개념 | 무엇을 배우나요? |
|---|---|---|
| 열과 에너지 | 에너지 전환 | 에너지는 다양한 형태로 존재하며, 다른 형태로 전환될 수 있다. |
| 생물의 구조와 에너지 | 식물의 구조와 기능 | 잎에서 만들어진 양분은 줄기를 통해 식물체의 각 부분으로 이동하고 저장됩니다. |
| | 광합성과 호흡 | 광합성을 통해 빛에너지가 화학 에너지로 전환됩니다. |
| 환경과 생태계 | 생태계와 상호작용 | 생태계의 구성 요소는 서로 밀접한 관계를 맺고 있으며 서로 영향을 주고받습니다. |
| | | 생태계 내에서 물질은 순환하고, 에너지는 흐릅니다. |
| 대기와 해양 | 해수의 성질과 순환 | 수권은 해수와 담수로 구성되며, 수온과 염분 등에 따라 해수의 성질이 달라집니다. |
| | 대기의 운동과 순환 | 기권은 성층구조를 이루고 있으며, 위도에 따른 열수지 차이로 인해 대기의 순환이 일어납니다. |
| 우주 | 태양계의 구성과 운동 | 태양계는 태양, 행성, 위성 등 다양한 천체로 구성되어 있습니다. |
| | 별의 특성과 진화 | 우주에는 수많은 별이 존재하며, 표면온도, 밝기 등과 같은 물리량에 따라 분류됩니다. |
| | 우주의 구조와 진화 | 우리은하는 별, 성간 물질 등으로 구성됩니다. |

2015개정 과학과 교육과정 기준

| 영역 | 초3~4 | 초5~6 | 중1~3 |
|---|---|---|---|
| 열과 에너지 | | | •일<br>•에너지 전환 |
| 생물의 구조와 에너지 | | •광합성 | •광합성 산물의 생성, 저장, 사용 과정<br>•광합성에 필요한 물질<br>•광합성 산물<br>•광합성에 영향을 미치는 요인 |
| 환경과 생태계 | | •생물 요소와 비생물 요소<br>•환경 요인이 생물에 미치는 영향<br>•생태계의 구조와 기능<br>•환경 오염이 생물에 미치는 영향<br>•생태계 보전을 위한 노력<br>•먹이 사슬과 먹이 그물<br>•생태계 평형 | |
| 대기와 해양 | •바다의 특징<br>•물의 순환 | | •수권<br>•복사 평형<br>•온실 효과<br>•지구온난화 |
| 우주 | | •태양<br>•별의 정의 | •지구와 달의 크기<br>•태양 활동<br>•별의 표면 온도 |

글: 이동현    사진: 한민세

# 태양광전기자동차와
# 함께 달려보자!

## 태양광전기자동차 철저 해부

태양광전기자동차를 가지고 햇빛이 비치는 야외로 나가보자.

햇빛을 받으면 자동차가 앞으로 달린다!

# 태양의 힘으로 달리는 전기자동차

### 태양광전기자동차를 들고 야외로 나가보자

태양광전기자동차는 햇빛을 받으면 앞으로 나아가는 작은 자동차예요. 68쪽을 보고, 태양광전기자동차 키트를 조립해봅시다. 그리고 햇빛 쨍쨍한 날에 태양광전기자동차를 가지고 밖으로 나가봅시다. 자동차 윗면을 보면, 빨간색 테두리가 달린 검은색 판이 있어요. 이 판이 바로 태양광 패널이에요. 이 태양광 패널에 햇빛이 닿자마자 바퀴가 도는 것을 볼 수 있어요!

바닥에 놓고 태양광전기자동차가 달리는 걸 볼까요? 여러분이 생각했던 것보다 빠른가요, 느린가요?

### 햇빛으로 달리는 자동차

태양광전기자동차는 태양의 빛인 햇빛을 받아 움직이는 자동차입니다. 건전지를 사서 넣어주지 않아도, 햇빛만 있으면 얼마든지 오래 달릴 수 있죠! 하지만 태양광 패널에 닿는 햇빛을 손으로 가리거나, 자동차를 뒤집어놓아서 햇빛이 잘 닿지 못하게 하면 자동차 바퀴가 멈추는 것을 볼 수 있지요.

자동차가 달리다가 그늘로 들어가면 어떻게 되는지 볼까요? 자동차가 멈춰버리고 말아요. 손으로 가렸을 때처럼, 그늘 속에서는 햇빛을 잘 받지 못하기 때문이랍니다. 그러니까 태양광전기자동차를 사용할 때는 꼭 햇빛이 밝게 비치는 곳에서 사용하세요.

자동차가 그늘로 들어가면, 햇빛을 잘 받지 못해 자동차가 멈춰요.

자동차가 햇빛을 받으면 바퀴가 돌아가는 것을 볼 수 있어요.

# 태양광전기자동차는 어떻게 움직일까?

### 전기를 생산하는 태양광 패널

태양광전기자동차의 윗면에 달린, 빨간색 플라스틱 테두리가 있는 검은색 판이 태양광 패널이라고 했죠? 이 태양광 패널의 역할은 전기를 만드는 것이에요. 패널에 햇빛이 닿으면 전기가 생기죠! 태양광발전소에서 볼 수 있는 패널과 같아요. 여기에 모터를 연결하면, 마치 건전지에 연결한 것처럼 모터가 돌아가요. 이 모터가 자동차의 바퀴를 돌린답니다.

　태양광 패널은 빛을 받으면 전기를 만들어요. 그런데 태양광 패널은 햇빛으로만 전기를 만들 수 있는 것일까요? 전깃불은 안될까요? 실제로 태양광전기자동차를 실내의 형광등에 비추어도 바퀴가 돌아가지 않아요. 그런데 이것은 전기가 생기지 않아서 그런 것이 아니라, 형광등의 빛이 햇빛보다 많이 약해서 그런 것이랍니다. 우리가 생각하는 것보다 햇빛은 훨씬 힘이 세요!

### 빛에서 전기로 변신하는 에너지

햇빛도, 전기도 에너지의 한 형태입니다. 태양광 패널에서 햇빛의 에너지가 전기에너지로 변하고, 이 전기에너지로 모터가 바퀴를 움직이지요. 이처럼 에너지는 여러가지 형태로 변할 수 있는데, 이것을 '에너지 전환'이라고 합니다 (28쪽을 보세요!).

**태양광 패널**
햇빛을 받으면 마치
건전지처럼 전기를 발생시켜요.

**뒷바퀴**
모터와 톱니바퀴에
연결되어서, 자동차를
앞으로 가게 해요.

**전선**
태양광 패널에서 나온 전기를 모터에
공급해줘요.

## 바퀴를 움직이는 모터

태양광 패널은 마치 건전지처럼 +극과 −극이
있어요. 이 +극과 −극을 바꾸어서 연결하면 어
떻게 될까요? 건전지를 연결한 모터도 마찬가
지로, 극을 바꾸어 연결하면 반대 방향으로 돌
아가요. 모터가 반대로 돌면서 우리의 태양광
전기자동차가 뒤로 달리는 걸 볼 수 있지요.

이번엔 자동차의 바닥면을 볼까요? 모터에
는 3개의 톱니바퀴가 달려 있고, 여기에 바퀴가
연결되어 있는 것을 볼 수 있어요. 톱니바퀴가
하는 일은 무엇일까요? 모터는 자동차를 움직
이기에는 힘이 좀 약하고, 속력은 너무 빨라요.
그래서 도는 속도를 느리게 만드는 대신 바퀴가
도는 힘을 세게 만들죠.

자동차의 앞바퀴는 모터에 연결되어 있
지 않은 대신, 좌우로 조금 움직일 수
있어요. 그래서 자동차가 앞으로
갈 때는 회전하고, 극을 바꾸
어 연결해서 뒤로 갈 때는 똑
바로 간답니다.

**앞바퀴**
좌우로 조금 움직일 수
있어요.

**톱니바퀴**
바퀴가 돌아가는
속력은 느리게,
힘은 강하게 만들어줘요.

**모터**
태양광 패널에서 전선을
통해 전기를 공급받아
바퀴를 돌려요.

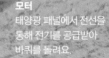

# 모든 에너지는
# 태양에서부터

**언제나 우리와 함께 있는 태양에너지**

태양광전기자동차를 움직이는 에너지는 태양에서부터 온 것이에요. 모터를 돌리는 에너지는 태양광 패널에서 온 전기에너지이고, 태양광 패널은 햇빛을 받아 전기에너지를 얻으니까요.

그런데 태양광전기자동차뿐만 아니라 우리가 사용하는 모든 에너지는 사실 태양에서부터 온 것이랍니다. 사람들이 일상생활에서 사용하는 에너지도, 동식물이 살아가는 데 필요한 에너지도, 비나 바람 등의 자연현상을 일으키는 에너지도 알고 보면 모두 태양의 빛과 열에서 온 것이에요.

우리의 태양광전기자동차는 태양의 빛이 가진 에너지를 사용하지만, 태양의 열도 에너지를 가지고 있어요. 태양은 우리 지구에 빛과 열의 형태로 에너지를 공급해주지요.

**모든 생물이 살아가는 데 필요한 태양!**

우리가 살아가는 데는 에너지가 필요해요. 우리는 밥을 먹고 힘을 내서 활동하지요. 동물들도 마찬가지죠. 이렇게 생물이 살아가는 데는 에너지가 필요해요. 그런데 이렇게 우리가 살아가기 위해 필요한 에너지도 처음에는 태양에서부터 온 것이에요. 모든 동물, 식물들이 살아가는 에너지도 마찬가지로 태양에서 왔어요. 그뿐만이 아니에요. 석유를 태워서 달리는 자동차의 에너지도, 일상 생활에서 가전제품을 움직이는 전기에너지도, 모두 원래는 태양에서 온 에너지랍니다!

## 자연 현상의 에너지도 태양에서부터

폭포를 본 일이 있나요? 높은 곳에서 떨어지는 물도 에너지를 가지고 있지요. 비가 내려서 강물을 이루고, 강물은 높은 곳에서 낮은 곳으로 흐르고요. 바람도 에너지를 가지고 있어요. 시원한 바람도, 무서운 태풍도 에너지를 가지고 있어요. 이런 자연 현상들이 가지고 있는 에너지마저도 실은 태양에서 온 에너지였답니다!

놀랍지 않나요? 14쪽의 기사를 읽어보세요. 그러면 모든 비밀을 알 수 있을 거예요.

68쪽을 보면 태양광전기자동차 키트를 조립하는 방법이 나와 있어요. 태양광전기자동차를 조립해서 움직여보고, 태양이 얼마나 소중한 존재인지도 생각해봐요!

*태양광전기자동차 조립법: 68쪽

글: 신성주
사진 출처: www.shutterstock.com

# 지구를 지탱한다, 태양에너지

## 지구와 생태계 속의 에너지 전환

벌새는 먹이인 꿀에서 에너지를 얻는다. 그렇다면 꽃은 꿀 속에 든 에너지를 어떻게 얻었을까? 우리가 생활 속에서 사용하는 에너지는 모두 태양에서 온 것이다. 그뿐만이 아니라 동식물이 살아가는 에너지, 지구의 기후 변화를 일으키는 에너지의 원천도 모두 태양에너지이다. 지구와 생태계 속에서의 에너지 전환에 대해 알아보자.

**신성주**
숙명여자대학교에서 화학을 공부했고
청주교육대학교에서 초등과학교육을
전공했습니다.
지금은 세종 소담초등학교에서 학생들에게
과학의 즐거움을 전해주고 있습니다.

# 지구 생태계 에너지의 근원과 에너지가 필요한 까닭

무인도에 갇히게 된 당신, 살아남기 위해 가져가고 싶은 세 가지는 무엇인가요? 집 안에 있는 물건을 떠올리며 생존에 도움이 되는 물건을 골라 봅시다. 선생님은 휴대폰, 라이터, 우리 집 강아지를 데려가고 싶다고 정했습니다. 휴대폰으로 게임을 하며 시간을 보낼 수 있고, 밤엔 전등처럼 어둠을 밝힐 수 있을 거예요. 라이터는 불을 피워 요리를 하게 해주고, 우리 집 강아지는 겁쟁이인 나와 함께 무인도를 탐험할 겁니다. 자, 선생님의 이런 계획은 며칠을 버틸 수 있게 해줄 것 같나요? 아마 일주일 후면 이 선택에 후회를 할 것이 분명합니다. 휴대폰은 배터리가 떨어져 꺼지고, 라이터로 만든 불은 땔감이 부족해 아주 약해졌을 겁니다. 그리고 강아지는 배가 고파서 힘들어할 거예요.

집에서는 유용했던 것들이 무인도에서 제 역할을 다하지 못하는 이유는 무엇일까요? 바로 '에너지'가 부족해졌기 때문입니다. 기계를 움직이거나 생물이 살아가는 데에는 에너지가 필요합니다.

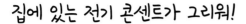

집에 있는 전기 콘센트가 그리워!

에너지란 움직임이나 효과를 얻기 위해 사용되는 것을 말합니다. 에너지는 온도를 뜨겁거나 차갑게 할 수 있고, 물질을 만들거나 쪼갤 수 있어요. 높은 곳으로 올라가거나 속력을 빠르게 만드는 것도 에너지입니다. 이처럼 지구 생태계의 모든 것들에 영향을 미치는 에너지는 어디에서부터 오는 것일까요?

지구는 성공적으로 구성된 생태계입니다. 동물, 식물과 같은 생물이 살 수 있는 행성이지요. 생물이 살아갈 수 있는 이유는 적절한 '환경' 안에 있기 때문입니다. 공기, 물, 흙 그리고 햇빛의 완벽한 조화가 지구를 다양한 생물들의 터전으로 만들어준 것이지요. 햇빛의 역할은 생태계에 에너지를 주는 것입니다. 우리는 이를 태양광에너지라고 부른답니다. 태양광에너지는 생태계 모든 에너지의 근원이에요.

# 우리 생활 속의 다양한 에너지 형태와 에너지의 전환

태양광에너지가 생태계 모든 에너지의 근원이라는 말은, 이 에너지를 변환해 여러 형태로 만들어 사용한다는 뜻입니다. 이때 에너지 자체는 사라지지 않고 항상 보존됩니다. 태양광에너지를 큰 찰흙 덩어리라고 생각해봅시다. 우리는 필요에 따라 찰흙으로 비행기, 사과, 궁전, 책상 등 다양한 모양을 만들 수 있어요. 비행기를 뭉개어 버스를 만들 수도 있지요. 태양광에너지도 찰흙처럼 다양한 형태를 가질 수 있고, 하나의 형태에서 다른 형태로 변환될 수 있습니다. 생명 활동에 필요한 화학에너지, 전기 기구를 작동하는 전기에너지, 온도를 높이는 열에너지, 주위를 밝게 비추는 빛에너지, 움직이는 물체가 가진 운동에너지, 높은 곳에 있는 물체가 가진 위치에너지까지 다양한 형태가 있답니다.

놀이터에서 에너지를 찾아볼까요? 여러분이 미끄럼틀 위에 올라가 있다면 위치에너지를 가지고 있는 상태가 됩니다. 그리고 미끄럼틀을 타고 내려온다면 운동에너지가 생긴 것이지요. 신나는 노래가 흘러나오는 스피커는 전기에너지를 사용하고 있고, 놀이터의 가로등 불빛은 빛에너지를 가지고 있지요. 더워서 사 먹은 달콤한 아이스크림은 화학에너지를 가지고 있답니다. 이처럼 인간은 항상 에너지를 사용하고 있습니다.

인간은 지구에 도달한 햇빛의 에너지 중 단 0.01%만 활용하고 있습니다. 그렇지만 태양광에너지가 지구에서 낭비되고 있다는 생각은 인간 중심적인 오만한 생각입니다. 태양광에너지는 지구 생태계의 생물들과 지구 환경이 모두 사용하는 에너지이기 때문입니다.

# 지구 생태계와
# 태양에너지

식물은 생태계 안으로 태양에너지를 가지고 오는 중요한 역할을 맡고 있습니다. 그러나 때때로 이들이 살아 있다는 것을 느끼지 못할 때도 있어요. 대체 무엇을 먹고 사는 것일까요? 식물은 태양의 햇빛에너지를 흡수해서 생명 활동에 필요한 영양분을 스스로 생성합니다. 즉, 태양에너지를 받아 화학에너지로 변환하는 것이지요. 이 과정을 광합성이라고 불러요.

뿌리에서 흡수한 물, 기공을 통해 들어온 공기 속 이산화탄소, 엽록소가 흡수한 태양광에너지가 반응해서 포도당이 만들어집니다. 포도당은 화학에너지를 가지고 있어요. 광합성으로 저장한 에너지를 이용해서 식물은 생명 활동을 유지하고 성장하고 번식합니다. 이처럼 영양분을 스스로 만드는 생물을 '독립 영양생물(생산자)'이라고 해요.

이에 반해 동물은 스스로 영양분을 생성할 수 없습니다. 식물이나 다른 동물을 섭취하여 에너지를 얻지요. 그래서 '종속 영양생물(소비자)'이라고 부릅니다. 종속 영양생물은 에너지가 되는 식물을 섭취함으로써 에너지를 얻습니다. 그리고 세포 안에서 이루어지는 호흡으로 포도당의 에너지를 꺼내어 사용하지요. 예를 들어 쌀밥을 먹으면 쌀이 가지고 있는 포도당을 얻습니다. 몸속에 들어온 포도당의 에너지는 세포호흡을 하며 체온을 올리기 위한 열에너지로 변환이 되거나 몸

3차 소비자

2차 소비자

1차 소비자

분해자

생산자

이 그림은 에너지 흐름을 나타냅니다. 식물은 햇빛에서
영양분을 만들어내고, 초식동물은 그 영양분을
먹고 에너지를 얻습니다. 육식동물은 초식동물들을
잡아먹어서 에너지를 얻지요.

햇빛

영양분

이산화탄소

산소

물          물

을 움직이는 운동에너지가 됩니다.
이와 같이 생태계 안에는 살아남
기 위해 다양한 생물들이 서로 먹
고 먹히는 관계를 이루게 되는데 이
를 '먹이 사슬'이라고 합니다. 생산자를 먹이로
하는 생물을 1차 소비자, 1차 소비자를 먹이로
하는 생물을 2차 소비자, 마지막 단계의 소비자
를 '최종 소비자'라고 하지요. 생산자가 흡수한
태양에너지가 최종 소비자에게까지 이동하기
때문에 생태계의 모든 생물은 태양에너지를 이
용하고 있는 셈입니다.

# 지구 환경과 태양에너지

태양에너지는 햇빛의 형태로 지구에 도달해 인간을 포함한 생태계 생물에게 에너지를 줄 뿐만 아니라 살아갈 환경을 만들어주기도 합니다. 태양에너지가 만드는 환경 변화에는 크게 물의 순환과 대기의 순환(바람)이 있습니다.

물은 어디에서 시작해 어디에서 끝날까요. 이는 원의 시작점과 끝점을 찾는 것처럼 답을 알 수 없는 질문입니다. 물은 상태를 바꾸며 자유롭게 지구의 내부와 외부를 돌며 순환하고 있거든요. 태양에서 온 열에너지로 인해 물의 온도가 올라가면 증발하여 수증기가 됩니다. 수증기는 하늘로 올라가다가 온도가 낮아지는 위치에 도달하면 물방울로 응결해 구름을 만듭니다. 구름 속 물방울이 모여 무거워지면 비나 눈이 되어 다시 육지와 바다로 돌아와요. 그 덕택에 아주 높은 산 위에 사는 생명체에도 물이 공급된답니다. 그리고 물이 흘러 땅이 깎여 나가고, 깎인 토양과 그에 포함된 영양분이 개울물과 강물을 통해 다양한 곳으로 분산되어 공급되지요. 이처럼 태양에너지가 만드는 물의 순환은 생태계에서 날씨 변화와 지형 변화를 만드는 중요한 요소입니다.

태양에너지는 대기(공기)에도 영향을 줍니다. 대기와 지구 표면은 태양열로 인해 가열이 되는데, 지역과 위치에 따라 가열되는 정도가 달라져요. 공기가 가열되었다는 것은 태양의 에너지가 열에너지로 변하여 공기의 온도가 높아졌다는 뜻이죠. 높은 온도의 공기는 부피가 늘어나는데, 이 때문에 온도에 따라 기압(일정 부피의 공기 무게)의 차이가 생기고, 기압이 높은 곳에서 낮은 곳으로 이동해요. 이러한 공기의 움직임이 바람입니다. 바람 역시 생태계의 환경에 중요한 요소로서 태양에너지가 만드는 선물이라 할 수 있어요.

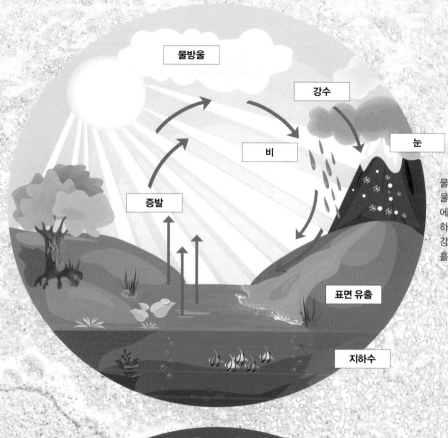

물의 순환. 빨간색 화살표는
물의 이동을 나타내요. 태양의
에너지를 받아 증발한 물은
하늘로 올라가 구름이 되고,
강이나 지하수를 통해 바다로
흘러듭니다.

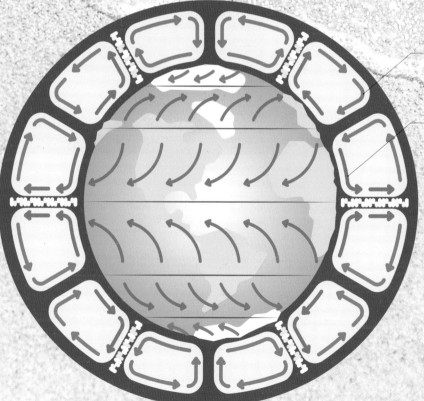

식은 공기는 아래로
내려갑니다.

더운 공기는 위로
올라갑니다.

지구에서의 대기 순환.
적도 근처의 더워진 공기는
가벼워져 위로 올라가고,
식은 공기는 무거워져 아래로
내려갑니다.

# 인간이 쓰는 에너지

인간의 에너지 소비량은 해가 갈수록 증가하고 있습니다. 엄청난 규모의 태양에너지를 끊임없이 받는 지구 생태계이니 에너지 부족에 대한 걱정은 하지 않아도 되는 것일까요?

화석연료는 석탄, 석유, 천연가스 등을 말합니다. 이들은 아주 먼 옛날 지구에 살았던 생명체들이 죽은 시체가 아주 오랜 시간에 걸쳐 화석화되어 만들어진 유산이에요. 따라서 양이 한정되어 있습니다. 또한 화석연료에서 에너지를 얻기 위해서는 이를 태워야(연소) 하는데 이때 이산화탄소가 함께 나옵니다. 이 이산화탄소가 온실효과를 유발해 지구가 뜨거워지는 기후변화를 만들고 있어서 세계적으로 화석연료를 대신할 수 있는 방법을 찾는 중이랍니다.

재생에너지는 화석연료를 대체할 수 있는 무공해 에너지라고 불립니다. 태양광, 수력, 풍력, 조력, 지열, 바이오연료 등이 있습니다. 인간은 광합성을 할 수 없기 때문에 식물이 생산한 에너지(화석연료)를 썼는데, 이에 만족하지 않고 자연에서 에너지를 취하는 것을 말해요. 태양광발전은 도구를 사용해 직접 태양광에너지를 취해서 이를 전기에너지로 바꾸는 것이에요.

수력발전은 태양광에 의한 물의 순환 덕분에 비와 눈의 형태로 높은 곳에 위치하게 된 물을 이용합니다. 높은 곳에 있는 물은 위치에너지를 가지기 때문에 밑으로 떨어지는 과정에서 에너지를 내보낼 수 있어요. 그래서 수력발전은 떨어지는 물의 에너지로 터빈을 회전시켜 전기를 만든답니다. 풍력발전은 태양광에 의한 온도 차가 만든 바람의 힘으로 풍차를 돌려 전기를 만들어냅니다. 이처럼 다양한 재생에너지는 자연을 이용해서 공해가 없는 반면에 효율성이 떨어진다는 단점이 존재합니다.

강을 막아 수력발전을 하는 댐의 모습.
댐 위의 물은 댐 아래의 물보다 높이 있어요.
물이 떨어지는 힘을 이용해 발전기를 돌리지요.
물을 저 높은 곳에 올려놓은 것도
태양의 힘이에요.

## 화석 연료의 에너지도 태양에서!

석탄은 아주 오랜 옛날에 살았던 식물이
변해서 만들어져요. 석탄을 태워서 나오
는 열에너지는 수억 년 전에 식물이 받았
던 태양에너지를 지금 꺼내서 쓰는 것입
니다. 이처럼 인간이 사용하는 화석연료
도 태양에너지를 사용하는 것이에요.

시간

300만 년 전(습지)    이탄

100만 년 전(바다)    침전물    갈탄

침전물    석탄

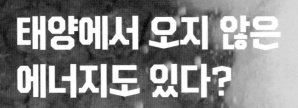

# 태양에서 오지 않은
# 에너지도 있다?

여러분들은 수영을 좋아하나요? 잠수해서 밑으로, 밑으로 내려가다 보면 숨이 막히고 왠지 무서워졌던 적이 있을 거예요. 그럼 태양 빛은 바닷속으로 얼마큼 깊게 들어갈 수 있을까요. 바다 밑 70m 깊이에는 태양 빛 밝기의 1%만 도달하고, 더 밑으로 내려가 200m 깊이가 되면 완전한 암흑의 세계가 되어버린다고 합니다. 태양이 들지 않는 완전한 암흑의 세계, 신비로운 이 공간이 궁금하지요? 궁금증을 파헤치기 위해 탐사를 떠난 사람들의 이야기를 해보려 합니다.

1977년, 미국의 잠수정 앨빈호는 갈라파고스 제도의 해저 화산 지대를 조사하기 위해 심해로 내려갔습니다. 암흑의 공간을 뚫고 내려가니 무려 2,700m의 깊이의 심해에서 검은색 연기가 솟구쳐 오르는 화산 모양의 구조물이 있는 것 아니겠어요. 그리고 그 주변은 눈을 의심할 만큼 다양한 생물들이 살고 있었는데, 그 모양은 땅 위에서는 볼 수 없는 신기한 모양이었습니다. 햇빛이 도달하지 못하는 장소에는 광합성을 할 수 없기 때문에 생물이 살지 못할 거라 생각한 과학자들은 깜짝 놀랐답니다.

암흑 속에서 검은 연기를 내뿜는 화산 모양 구멍의 정체는 열수 분출공입니다. 연기처럼 보이지만 사실은 아주 뜨거운 물이 나오고 있어요. 지각 밑 1,200도의 마그마는 바다의 태양 역할을 하고, 황세균이라는 생물이 땅 위의 식물처럼 에너지를 전환하는 생산자 역할을 합니다. 해저 지각 틈으로 스며든 바닷물이 마그마에 의해 데워지면 주변 암석에 있던 금속이 뜨거운 바닷물에 녹아요. 그렇게 데워진 바닷물은 구멍을 통해 위로 분출됩니다. 그중 황화수소 기체는 황세균의 에너지원입니다. 황세균은 황화수소에서 뽑아낸 수소를 이산화탄소와 결합시켜 저장할 수 있는 에너지를 만들거든요. 생산자 황세균이 전환한 에너지를 전달받아 다양한 1차, 2차 소비자들이 생겨나며 복잡한 생태계를 이룬답니다.

현재까지 알려진 열수 분출공은 220개! 여전히 과학자들은 열수 분출공을 통해 원시 지구에서 생명체가 어떻게 탄생했는지에 대해 연구하고 있습니다. ▣

글: 메이커스 주니어 편집팀
사진 출처: www.shutterstock.com

# 이것저것 변신하는 전기에너지

## 전기에너지의 전환과 태양광전기자동차

우리는 전기를 여러 가지 형태로 이용한다. 전기스탠드로 방을 밝히기도 하고,

전기난로로 추운 겨울을 따뜻하게 나기도 한다. 전기는 대체 무엇이기에 이토록

편리하게 사용할 수 있을까?

# 전기의 정체는
# 무엇일까요?

전기를 처음 발견한 사람은 누구일까요? 진해지는 이야기에 따르면 2,500년 전 고대 그리스의 철학자 탈레스라고 해요.

## 탈레스가 발견한 정전기

탈레스는 어느 날 '호박'이라는 보석을 털가죽으로 닦다가 작은 먼지가 달라붙는 것을 보았어요. 이 현상은 지금도 주변에서 쉽게 볼 수 있어요. 머리카락을 플라스틱 빗으로 빗다가 머리카락이 빗에 달라붙는 것을 본 적 있지요? 겨울철에 스웨터를 벗다가 머리카락이 서는 경험을 한 적이 있나요? 이런 현상도 전기에너지 때문에 일어나는데, 이런 전기를 '정전기'라고 하지요.

## 전자의 흐름, 전류

우리는 일상에서 여러 가지 전기 제품들을 사용해요. 이 전기 제품들은 전선을 통해 전기에너지를 공급받습니다. 전선에는 전기가 흘러요. 전기가 물처럼 흐르는 것을 '전류'라고 해요. 전류는 '전자'라고 하는 알갱이의 흐름입니다. 마치 수도관에 수돗물이 흘러가듯이, 전자가 전선을 타고 흘러가지요.

보석 '호박'의 모습이에요. 신기하게도 이 사진 속 호박 속에는 거미가 들어 있어요. 호박은 나무 진이 뭉쳐서 변한 보석입니다. 그래서 이 사진처럼 가끔 옛날에 살았던 생물이 나무 진에 달라붙었다가 발견되기도 합니다.

미끄럼틀을 타는 어린이의 머리카락이 곤두섰어요! 미끄럼틀과 몸이 마찰하면서 정전기가 생긴 거예요.

# 전자와 전류의 흐름이
# 반대가 된 사연

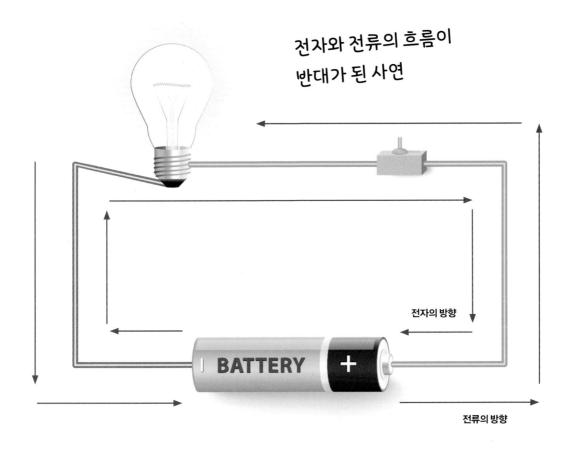

전자의 방향

BATTERY +

전류의 방향

전류는 전지의 +극에서 나와서 -극으로 흐릅니다. 그런데 전자는 -극에서 나와서 +극으로 흐른다고 해요. 전자가 흐르는 것이 전류인데, 왜 전자가 흐르는 방향과 전류의 방향은 반대일까요?

사실 옛날 과학자들이 전기를 연구할 때, 전자가 흐르면서 전기가 흐른다는 사실은 알아냈지만 어디서 나와서 어디로 들어가는지는 아직 몰랐어요. 그래서 과학자

들은, 일단 '전류는 +극에서 나와 -극으로 들어간다'라고 약속한 뒤 연구를 계속하기로 했어요.

연구가 많이 이루어진 이후에야 정확한 방향을 알아냈어요. 처음 정한 방향과는 반대로 흐른다는 것이 밝혀졌지요. 하지만 이미 많은 연구가 이루어진 뒤였기 때문에 바꿀 수가 없었지요. 그래서 '전류의 흐름은 전자의 흐름과 반대'라고 정해진 것이지요.

전기레인지는 전기에너지를
열에너지로 바꾸어, 마치
가스레인지처럼 열을 냅니다.
이 열로 요리를 할 수 있어요.

# 전기에너지를 다른 에너지로
# 바꿀 수 있어요

전기도 에너지의 일종이에요. 전기에너지는 여러 형태의 다른 에너지로 바뀔 수 있어요. 이렇게 에너지가 하나의 형태에서 다른 형태로 바뀌는 것을 '에너지 전환'이라고 합니다.

### 전기에너지를 운동에너지로

전기를 이용해 물체를 움직이게 할 수 있어요. 건전지로 달리는 작은 장난감 자동차를 가지고 놀아본 적 있나요? 자동차에 건전지를 넣으면 모터가 바퀴를 돌리면서 자동차를 달리게 하지요.

움직이는 물체가 가진 에너지를 '운동에너지'라고 해요. 장난감 자동차에 들어 있는 모터는 전기에너지를 운동에너지로 바꾸어주는 장치입니

모터로 달리는 장난감 자동차. 안에
들어 있는 모터가 전기에너지를
운동에너지로 바꾸어, 자동차를
달리게 합니다.

다. 건전지에서 받은 전기에너지를, 모터가 운동에너지로 바꾸어서 자동차가 움직이는 것이죠.

## 전기에너지를 빛에너지로

전기에너지는 빛에너지로도 바뀔 수 있어요. 전구가 달린 스탠드를 전기 콘센트에 꽂으면 환하게 빛을 내지요? 전기 콘센트에서 공급받은 전기에너지가, 전구에서 빛에너지로 바뀌는 것이지요. 거실 천장에서 실내를 밝혀주는 형광등도, 스탠드의 전구와 마찬가지로 전기에너지를 빛에너지로 바꾸어주지요.

## 전기에너지를 열에너지로

전기에너지는 열에너지로도 바뀔 수 있어요. 전기장판이나 전기난로에 전기가 흐르면 따뜻해지는 것을 느낄 수 있지요? 가스레인지 대신 전기레인지를 사용해서 요리를 하는 것을 본 적도 있을 거예요. 전기레인지를 켜면 음식을 데울 수 있을 정도로 뜨거운 열이 나지요. 전기난로나 전기레인지는 전기에너지를 열에너지로 바꾸는 장치이지요.

전기스탠드는 전기에너지를 빛에너지로 바꿔서 주변을 환하게 밝힙니다.

# 태양광
# 전기자동차에서
# 일어나는
# 에너지 전환

우리가 조립한 태양광전기자동차는 태양의 빛을 받아 달리는 자동차입니다. 앞에서 우리는 '에너지는 하나의 형태에서 다른 형태로 바뀔 수 있다'라는 것과, 이를 '에너지 전환'이라고 한다는 것을 배웠어요. 태양광전기자동차에서는 어떤 에너지 전환이 일어나는지 알아볼까요?

**빛에너지를 전기에너지로 바꾸는 태양광 패널**
먼저 태양이 빛을 내어요. 빛도 에너지를 가지고 있는데, 이를 빛에너지라고 해요. 태양광 패널은

2. 전류 발생!

- 극

빛을 받아 빛에너지를 전기에너지로 바꾸는 장치입니다. 우리의 태양광전기자동차에도 붙어 있지요. 태양광 패널이 빛을 받으면 전기가 나와요. 마치 전지와 같지요.

## 전기에너지를 운동에너지로 바꾸는 모터

태양광 패널에도 전지처럼 +극과 −극이 있어요. 이 두 극은 모터에 연결되어 있어요. 태양광 패널에서 나온 전기는 이 전선을 타고 모터로 흘러 들어가지요.

앞에서 보았듯이, 모터는 전기에너지를 운동에너지로 바꾸는 장치이지요. 전기에너지를 받아 모터가 돌면, 모터의 힘으로 자동차가 앞으로 가지요.

전류는 +극에서 나와 −극으로 흐르지요. 만일 전선의 연결을 바꾸어서 +극과 −극을 뒤바꾸어 연결하면 어떻게 될까요? 모터로 들어가는 전류의 방향이 반대가 되겠지요? 그러면 모터는 조금 전과는 반대 방향으로 돌아요! 그러면 자동차는 뒤로 가지요. ▰▱

1. 햇빛

+극

3. 모터가 전기에너지를
운동에너지로 전환

글: 메이커스 주니어 편집팀

# 태양의
# 모든 것

## 태양의 이모저모를 알아보자

우리가 날마다 사용하는 에너지, 온갖 생물들이 살아가는 데 필요한 에너지는

모두 태양에서부터 온다는 것을 알아보았다. 지금도 엄청난 에너지를 지구로

보내주는 태양! 태양에 대해 좀 더 자세히 알아볼까?

사진 출처: sdo.gsfc.nasa.gov

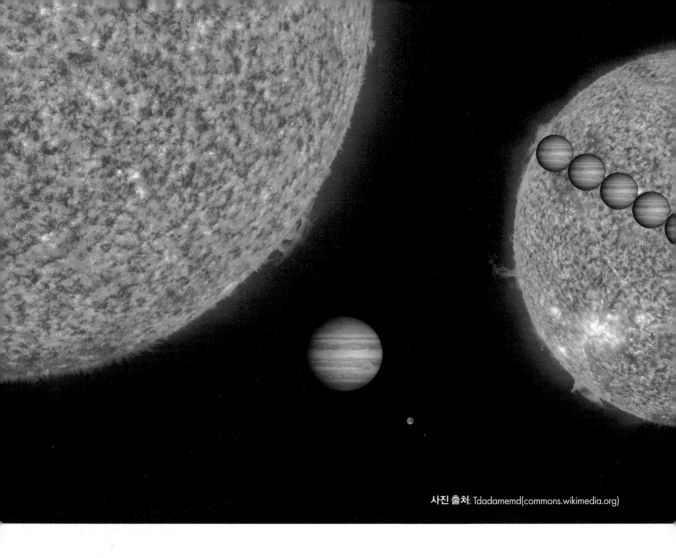

사진 출처: Tdadamemd(commons.wikimedia.org)

# 태양의
# 신체검사

매일 아침, 태양은 동쪽에서 떠서 서쪽으로 집니다. 우리가 매일매일 만나는 태양은 지구에서 보면 매우 작아 보이지만, 사실 태양은 엄청나게 크고, 또 엄청나게 뜨거워요! 지구에서 너무너무 멀리 떨어져 있기 때문에 작게 보이는 것 뿐이에요. 태양의 크기는 매우 큽니다. 둥근 태양의 지름은 지구 지름의 약 109배나 되고, 부피는 약 130만 배입니다. 질량은 무려 33만 배나 되지요! 태양의 질량은 태양계 전체 질량의 99.9%나 차지해요. 모든 행성과 소행성 등을 합쳐도 태양에 비하면 너무너무 작은 질량이지요.

태양과 지구의 크기 비교. 맨 왼쪽은 태양과 목성과 지구를 나란히 놓아본 그림이에요. 태양의 지름은 목성의 10배(가운데 그림), 목성의 지름은 지구의 11배(오른쪽 그림) 정도라고 해요. 태양이 얼마나 큰지 느껴지나요?

이렇게 거대한 태양은 무엇으로 이루어져 있을까요? 사실 태양은 거대한 가스 덩어리예요. 저 큰 질량의 대부분은 수소로 되어 있고, 나머지의 대부분은 헬륨으로 채워져 있지요.

태양의 실제 크기는 엄청나게 커다랗지만, 너무나도 멀리 떨어져 있어서 지구에서 보면 작게 보여요. 지구와 태양의 거리는 1억 5,000만 km로, 빛의 속도로도 8분 20초나 걸린답니다. 시속 300km로 달리는 고속전철로도 60년을 꼬박 달려야 하는 거리지요.

여름철 뜨거운 햇빛은 모두 태양에서 나와요. 그렇다면 실제 태양의 온도는 얼마나 될까요? 태양 표면의 온도는 약 6,000도, 중심부의 온도는 무려 1,500만 도라고 해요! 철이 녹아버리는 온도가 1,500도 정도인데, 태양의 온도는 그보다도 훨씬 높지요. 여름철 햇빛의 온도와는 비교도 안 되게 높은 온도지요?

태양의 나이는 50억 년 정도예요. 과학자들은 태양의 남은 수명도 알아냈는데, 앞으로 50억 년 정도 더 살 것으로 예상된다고 해요. 태양의 수명이 다하면 큰일이지만, 너무나 먼 미래의 일이니 벌써 걱정할 필요는 없겠죠?

# 태양광? 태양열? 뭐가 다르지?

간혹 '태양광'과 '태양열'을 헷갈리는 경우가 있어요. 둘 다 태양에서 오는 에너지이죠. 하지만 둘은 에너지의 형태가 달라요.

'태양광'은 빛을 말해요. 우리의 태양광전기자동차는 이 태양광을 이용한 장치예요. 태양의 빛을 전기로 바꾸어 모터를 작동하지만, 열을 이용하지는 않아요.

반면에 '태양열'은 열에너지를 말합니다. 추운 겨울에도 햇빛이 비치는 곳에 있으면 따뜻해지는 것을 느낄 수 있습니다. 마치 불을 쬘 때처럼 말이죠. 더운 여름에도 나무 그늘 아래로 들어가면 시원해지지요? 태양에서 오는 열에너지가 나무에 막혀서 우리 몸에 전달되지 않기 때문에 시원하게 느껴지는 것이에요.

우리가 태양열을 이용할 때 사용하는 장치는 태양광 패널과는 다르게 생겼어요. 태양광 패널은 태양광전기자동차에 설치된 것을 보면 알 수 있듯이, 까맣고 납작한 판처럼 생겼어요. 하지만 태양열을 모으는 집열판은 물이 흐르는 관 여러 개가 설치되어 있어요. 물이 이 관 속을 흐르는 동안, 태양의 열을 받아 온도가 오르고, 곧 뜨거워지지요. 이렇게 데워진 온수를 욕실이나 부엌에서 사용할 수 있어요.

보통 온수를 쓰고 싶으면 집에 있는 보일러를 이용해야 해요. 보일러는 석유나 가스와 같은 연료를 태워야만 하지요. 태양열을 이용한 집열판을 사용하면 이렇게 연료비를 아낄 수 있을 뿐만 아니라, 에너지 소비도 줄여서 환경 보호에 도움이 됩니다.

태양열을 이용하기 위해 지붕에 설치한 집열판의 모습. 이 관 속으로 물이 흘러요.

# 태양광 패널의 원리

태양광 패널은 어떤 원리일까요? 어떻게 빛만 쬐는데 전기가 흐르는 것일까요? 태양광 패널은 '광전효과'를 이용합니다. 어떤 물질은 빛을 받으면 전자가 튀어나오는 성질을 가지고 있어요. 이것을 광전효과라고 하지요.

태양광 패널은 광전효과를 보이는 반도체 물질을 이용해요. 구리처럼 전기가 잘 흐르는 물질을 '도체', 플라스틱처럼 전기가 잘 흐르지 않는 물질을 '부도체'라고 하는데요, '반도체'는 조건에 따라 전기적 성질이 달라지는 물질을 말합니다.

'N형 반도체'라고 불리는 종류의 반도체는 '전자'를 많이 가지고 있어요. 반대로 'P형

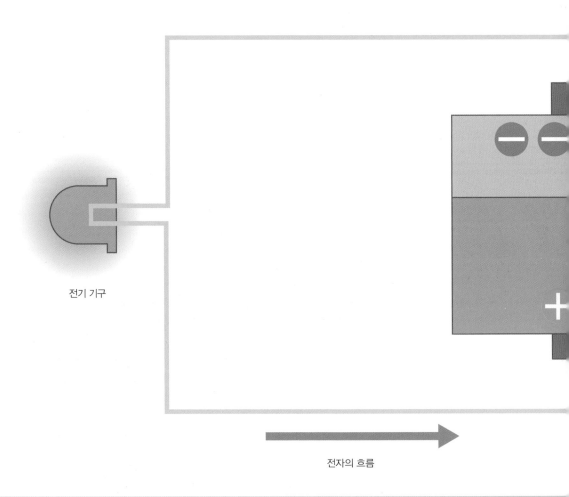

전기 기구

전자의 흐름

반도체'라는 반도체는 전자가 모자라서, 전자를 더 받아들일 수 있는 자리인 '양공'을 가지고 있지요. 태양광 패널은 이 둘을 맞붙여놓은 구조로 되어 있어요.

태양광 패널에 빛이 닿으면, N형 반도체는 광전효과 때문에 전자를 내보냅니다.

이때 N형 반도체에서 곧바로 P형 반도체 쪽으로 전자가 흐르지는 않아요. 왜냐하면 두 반도체가 맞닿는 면에서는 전기가 잘 흐르지 않거든요. 그래서 전자는 전선을 통해서 P형 반도체 쪽으로 갑니다. 그래서 전기 회로에 전류가 발생하는 것이지요.

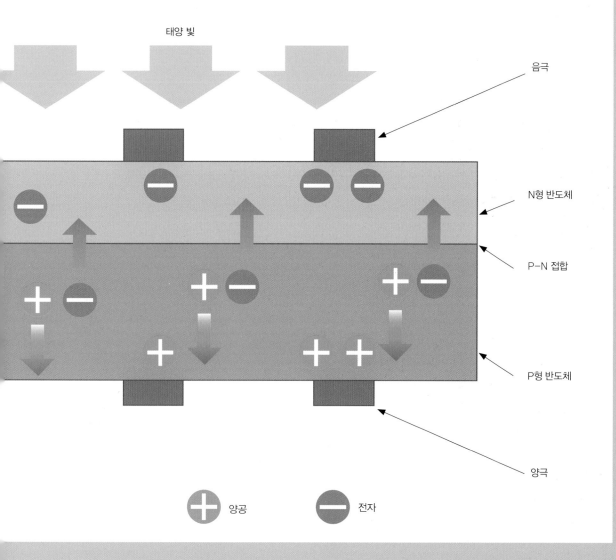

태양 빛

음극

N형 반도체

P-N 접합

P형 반도체

양극

➕ 양공          ➖ 전자

# 태양도 별이다!

밤하늘에 빛나는 수많은 별. 우리가 맨눈으로 볼 수 있는 별은 약 2,000개 정도 된다고 해요. 하지만 실제로 우주에는 수천억 개의 별이 있어요. 우리 눈에 보이는 별들은 대부분 태양과 비슷한 천체들이라고 해요. 태양처럼 스스로 빛과 열을 내면서 빛나고, 어떤 별들은 마치 지구가 태양 주변을 돌듯이 주변에 행성을 거느리고 있기도 하지요.

하늘에 보이는, 태양과 비슷한 별들을 '항성'이라고 부릅니다. '항성'은 스스로 빛을 내는 별이에

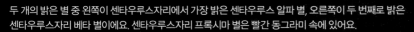

두 개의 밝은 별 중 왼쪽이 센타우루스자리에서 가장 밝은 센타우루스 알파 별, 오른쪽이 두 번째로 밝은 센타우루스자리 베타 별이에요. 센타우루스자리 프록시마 별은 빨간 동그라미 속에 있어요.

요. 금성, 지구, 화성처럼 태양 주변을 도는 행성들은 스스로 빛을 내지 못해요. 달과 행성은 태양의 빛을 반사해서 빛나고 있지요.

그러니까 태양도 '별'입니다. 그런데 다른 별들과 태양은 무척 달라 보이죠? 다른 별들은 밤하늘에서 아주 작은 크기로 보이고 반짝이는 빛을 낼 뿐이에요. 하지만 태양은 온 하늘을 환하게 밝히고 있지요. 밤에 다른 별들이 보이지 않는 것은 태양이 너무나 환하기 때문이에요. 별과 태양은 비슷한 천체라면서 왜 이토록 다르게 보일까요?

그 이유는 태양이 다른 별들에 비해 매우 가깝기 때문입니다. 앞에서 살펴보았듯이 태양은 무척 멀어요. 지구에서 1억 5,000만 km나 떨어져 있지요. 하지만 다른 별들은 태양보다도 훨씬 멀답니다. 태양은 빛의 속도로 8분 20초가 걸리지만, 우주에는 빛의 속도로 몇십 년, 몇백 년, 몇천 년이나 걸리는 별도 많아요! 태양계 밖의 별 중 지구에서 가장 가까운 별은 '센타우루스자리 프록시마'라는 별인데, 이 별조차도 빛의 속도로 무려 4년이 넘게 걸리는 거리에 있어요.

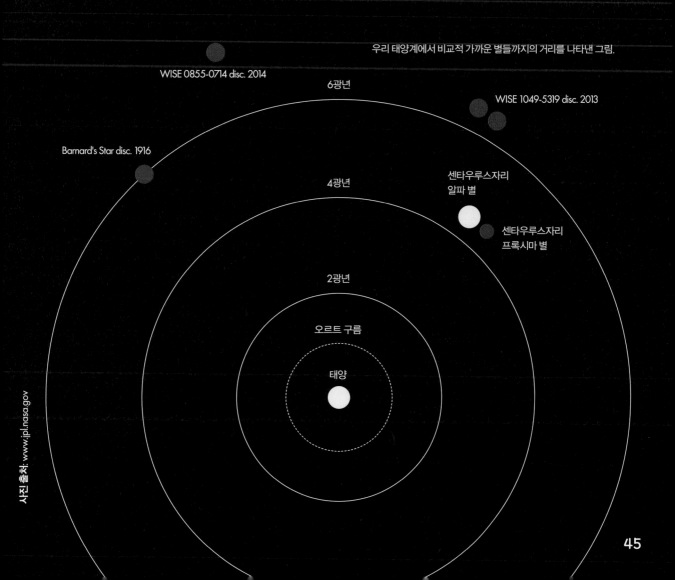

우리 태양계에서 비교적 가까운 별들까지의 거리를 나타낸 그림.

WISE 0855-0714 disc. 2014

6광년

WISE 1049-5319 disc. 2013

Barnard's Star disc. 1916

4광년

센타우루스자리
알파 별

센타우루스자리
프록시마 별

2광년

오르트 구름

태양

# 태양은 어떻게 빛을 낼까?

엄청난 에너지를 내뿜고 있는 태양. 태양은 어떻게 빛과 열을 낼까요? 흔히 태양이 '불탄다'라고 말하지요? 하지만 태양이 내는 빛과 열을 내는 원리는, 우리가 흔히 아는 '불'과는 다릅니다.

불은 연료가 공기 중의 '산소'와 결합하면서 빛과 열을 냅니다. 이렇게 타는 것을 '연소'라고 합니다. 불이 탈 때는 높은 온도, 탈 물질, 그리고 산소가 필요하지요. 이를 '연소의 3요소'라고 불러요.

나무가 탈 때를 예로 들어볼까요? 일단 탈 물질(연료)인 '나무'가 필요하지요. 이 나무에 불이 붙을만큼 '온도'가 높아지면, 공기 중의 산소와 나무를 이루는 물질이 결합해서 다른 물질로 바뀌어요. 이때 빛과 열을 내는 것이 바로 '불'입니다.

하지만 태양이 빛과 열을 내는 원리는 전혀 다릅니다. 태양은 '핵융합 반응'이라는 과정을 통해 빛과 열을 냅니다. 태양은 대부분 '수소'로 이루

## 태양의 핵융합

태양에서의 핵융합 과정을 나타낸 그림. 자세한 과정은 무척 복잡하고 어려워요. 수소 원자핵은 '양성자'라는 입자 1개로 이루어져 있어요. 양성자 2개가 합쳐질 때 양성자 하나가 중성자로 변해 '중수소'라는 입자가 됩니다. 여기에 양성자 1개가 더 붙어서 '헬륨-3'이라는 입자로 또 변하죠. 이 헬륨-3 2개가 합쳐져서 헬륨 원자핵이 되는데, 이때 양성자(수소 원자핵) 2개가 다시 튀어나옵니다. 이런 과정 중, 막대한 에너지가 밖으로 튀어나오게 되죠. 이 에너지가 태양이 내뿜는 에너지입니다.

범례:
- 양성자
- 중성자
- 양전자
- 중성미자
- γ 감마선

어져 있고, 그 나머지는 대부분 '헬륨'이에요. 태양에서는 수소 원자 4개가 합쳐져서 1개의 헬륨 원자로 변합니다. 이것이 태양에서 일어나는 핵융합 반응이에요. 태양과 같은 항성들은 핵융합 반응으로 빛과 열을 내지요.

사실 원자는 절대로 다른 원자로 바뀌지 않지요. 하지만 태양은 매우 높은 온도와 압력을 가지고 있어요. 이렇게 높은 온도와 압력 속에서는, 가벼운 원자들이 합쳐져서 더 무거운 원자를 만드는 현상이 일어나기도 하지요. 이렇게 핵융합 반응이 일어날 때는 엄청난 에너지를 내뿜습니다. 이 에너지가 지구에 빛과 열의 형태로 전해지는 것이죠.

이 핵융합의 원리로 전기를 생산하는 것이 '인공태양'입니다. 인공태양에 대해서 궁금하시면 50쪽을 보세요.

# 우리는 모두
# 별에서 왔어요!

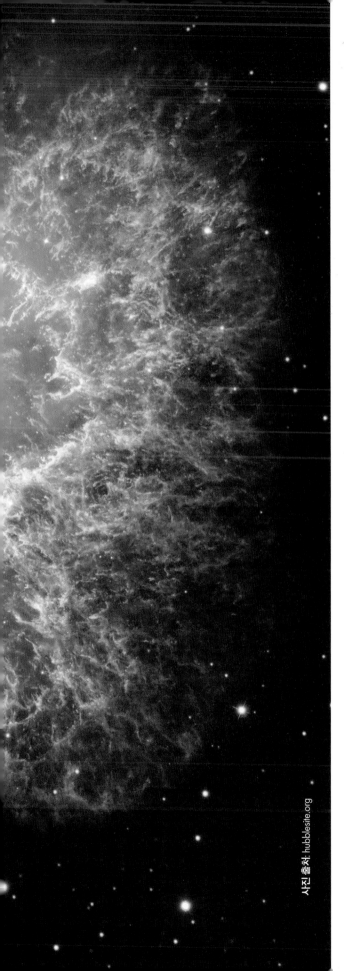

허블우주망원경이 찍은 게성운. 게성운은 별이 폭발하고 남은 물질이 우주에 흩뿌려지면서 만들어졌어요.

우리 주변의 세상은 여러 가지 물질로 이루어져 있습니다. 이 물질들은 태양과 같은 항성에서 만들어졌습니다. 지구를 이루는 물질도, 우리 몸을 이루는 물질도 마찬가지예요.

우주가 처음 태어날 때, 물질도 함께 만들어졌어요. 그런데 그때 만들어진 물질은 온통 수소뿐이었어요. 이 수소가 뭉쳐져서 태양과 같은 항성들을 만들었습니다. 그리고 이 항성들이 핵융합 반응을 시작했지요.

항성에서 핵융합 반응이 일어날 때 다양한 물질이 만들어집니다. 수소가 핵융합 반응으로 더 무거운 물질인 헬륨을 만들듯이, 헬륨도 핵융합 반응으로 더 무거운 물질을 만들 수 있어요.

항성이 죽을 때에도 다양한 물질이 만들어져요. 항성이 수명을 다하면 거대한 폭발을 일으키지요. 이때 여러 가지 물질들이 만들어집니다. 이런 식으로 우주에 존재하는 여러 가지 물질이 생겨났답니다.

항성은 폭발하면서 우주에 이런 물질들을 흩뿌립니다. 성운들은 이렇게 만들어졌어요. 이렇게 우주에 뿌려진 물질은 다시 뭉쳐서 새로운 별의 재료가 되지요. 행성들도 이런 물질들이 뭉쳐져서 만들어졌어요. 그러니까 우리 지구, 지구 위의 수많은 동식물, 우리 몸을 이루는 물질들도 모두 별이 태어나고 죽으면서 생겨났습니다. 우리는 모두 별에서 온 존재들이에요! 📑👤

글·강은혜

# 사람의 손으로
# 태양을 만든다?

### 미래의 에너지원, 인공태양

사진 제공: KSTAR

지구에 살고 있는 모든 생물들은 태양의 빛과 열을 이용해 살아가고 있어요. 태양은 태양 내부에 있는 중심핵에서 끊임없이 핵융합을 하고 있는데요. 그 과정에서 우리가 살아가는 데 필요한 빛과 열처럼 강력한 에너지가 나오는 거랍니다.

핵융합에는 엄청나게 온도가 높은 환경이 필요해요. 그런 초고온의 환경을 인공적으로 만들고, 태양처럼 핵융합으로 에너지를 얻는 실험로를 '인공태양'이라고 부른답니다. 이미 세계적으로 연구가 진행되고 있고, 한국에서는 국내 유일의 핵융합 전문연구기관인 국가핵융합연구소가 인공태양이라 불리는 'KSTAR(케이스타)'를 개발하고 있어요.

그렇다면 인공태양은 왜 필요한 걸까요? 세계는 지금 에너지 부족과 기후변화로 인한 문제가 심각한 상황이에요. 석탄과 석유와 같은 화석연료는 점점 떨어져가고, 화력발전 같은 방식은 환경에 좋지 않지요. 즉, 안전하고 깨끗한 대용량 에너지원 확보는 인류의 지속적 발전과 생존을 위해서라도 꼭 필요한 해결책입니다. 인공태양은 바로 이 때문에 만들어지게 되었어요.

케이스타에 사용되는 핵융합의 주원료는 중수소와 삼중수소인데요. 모두 바닷물에서 얻을 수

우리나라에서 개발 중인
인공태양, KSTAR의 모습이에요.

국가핵융합연구소 NFRI의 전경.
이곳에서 과학자들이 인공태양을
연구하고 있어요.

있는 물질이라 사실상 연료가 무한한 셈이에요.
수소 1g이 핵융합 했을 때 나오는 에너지는 석
탄 21t, 석유 1만 2,000ℓ의 에너지와 비슷한
데다 원자력발전처럼 방사성 폐기물도 나오지
않아요. 인공태양을 만들고 유지하는 일은 매우
까다로워서 앞으로 2035년은 돼야 본격적인
발전이 시작될 것으로 예상된다고 합니다.

앞으로의 인공태양 연구가 성공한다면 석탄과
석유, 천연가스와 같은 유한한 자원을 통한 발
전이 줄어들 겁니다. 친환경 에너지를 무한대
로 쓸 수 있는 세상은 먼 미래의 일만은 아닐 거
예요. 🏃

## 더 알아보기

### 핵융합
가벼운 핵들이 결합하여 더욱 무거운 핵이 되는 것.

### 중수소(Heavy hydrogen, Deuterium)
수소의 동위원소 중 하나로 양성자 1개와 중성자
1개로 이루어진 중양성자를 원자핵으로 가지는
원소로서, 수소-2라고도 한다. 원소기호는 D 또는
$^2$H로 쓸 수도 있다.

### 동위원소
물질의 기본 입자인 '원자'는 원자핵과 전자로 이루어져
있다. 원자핵은 양성자와 중성자로 되어 있는데,
양성자가 몇 개냐에 따라 어떤 물질의 원자인지가
정해진다. 양성자의 수는 같지만 중성자의 수가 다른
물질을 그 물질의 동위원소라고 한다.

# 인류 최초, 태양의 극지방을 관측하다

### 태양 극지탐사선 '솔라 오비터'

2020년 2월 9일, 유럽 우주국(ESA)과 미국 항공우주국(NASA)은 공동으로 개발한 태양탐사선 '솔라 오비터(Solar Orbiter)'를 발사했습니다. 솔라 오비터가 처음으로 발사된 태양탐사선은 아니에요. 태양 관측을 위한 시도는 꾸준했고, 2018년 8월에 발사된 NASA의 무인탐사선 '파커 솔라 프로브(Parker Solar Probe)'도 현재 태양을 탐사 중이에요.

파커 솔라 프로브가 태양의 대기층인 코로나와 그로 인한 태양풍을 조사할 목적으로 발사되었다면, 솔라 오비터는 태양의 극지방을 관측하게 된다고 해요. 태양 북극과 남극에서 일어나는 자기장 변화, '플레어' 등 태양 표면의 폭발 활동, 폭발 과정에서 방출되는 입자 분석 임무를 진행할 텐데요. 태양 주변을 도는 지구의 공전 궤도와 태양 적도는 그 위치가 나란한 탓에 지구에서는 태양의 옆면만 볼 수 있고, 극지방 연구를 시도할 수 없었어요. 즉, 솔라 오비터는 인류 최초의 태양 극지방 관측 시도라고 할 수 있어요. 솔라 오비터가 태양을 관측하기 위해서는 태양 표면으로부터 4200만 km 떨어진 궤도를 돌며 600도가 넘는 고열을 견뎌야 합니다. ESA는 태양이 내뿜는 매우 뜨거운 열로부터 탐사선

을 보호하기 위해 프랑스 우주항공기업 에어버스와 함께 특수 열 차폐막 소재인 '솔라 블랙'을 개발하기도 했습니다. 그 밖에도 전자 관측 장비가 실려 있는 탐사선 내부는 5cm 두께의 알루미늄으로 벌집구조로 만들어 30개 층의 저온 단열재로 감쌌는데요. 이 특별한 구조는 약 300도의 온도를 견디게끔 설계된 거라고 하네요. 태양 관측을 위하여 다양한 방열, 내열, 단열 기술을 사용한 것이지요. 태양을 관측하는 두 대의 탐사선이 태양에 얽힌 다양한 정보를 알려줄 날도 시간문제인 것 같아요.

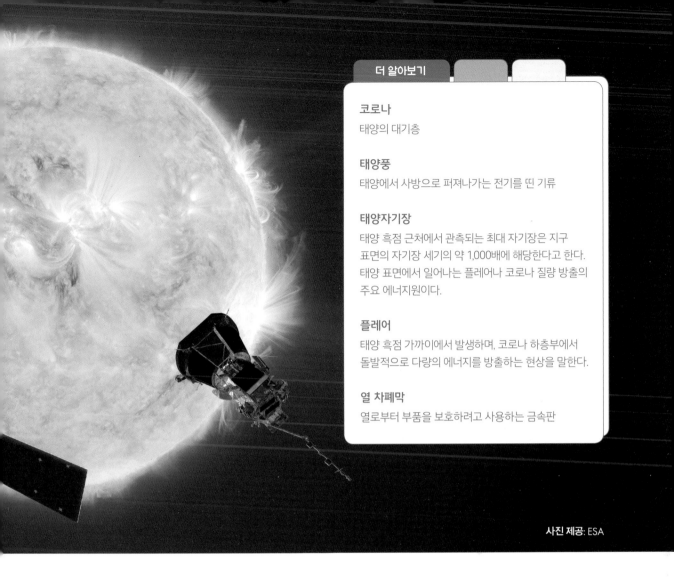

**코로나**
태양의 대기층

**태양풍**
태양에서 사방으로 퍼져나가는 전기를 띤 기류

**태양자기장**
태양 흑점 근처에서 관측되는 최대 자기장은 지구
표면의 자기장 세기의 약 1,000배에 해당한다고 한다.
태양 표면에서 일어나는 플레어나 코로나 질량 방출의
주요 에너지원이다.

**플레어**
태양 흑점 가까이에서 발생하며, 코로나 하층부에서
돌발적으로 다량의 에너지를 방출하는 현상을 말한다.

**열 차폐막**
열로부터 부품을 보호하려고 사용하는 금속판

**사진 제공**: ESA

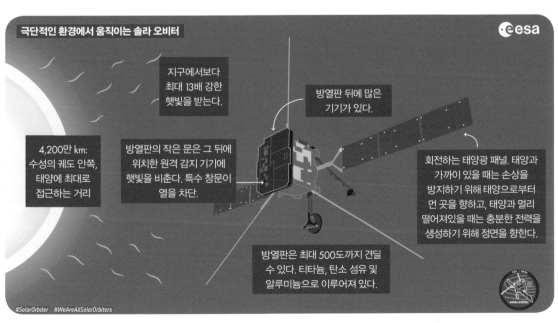

**극단적인 환경에서 움직이는 솔라 오비터**

⊛esa

지구에서보다
최대 13배 강한
햇빛을 받는다.

방열판 뒤에 많은
기기가 있다.

4,200만 km:
수성의 궤도 안쪽,
태양에 최대로
접근하는 거리

방열판의 작은 문은 그 뒤에
위치한 원격 감지 기기에
햇빛을 비춘다. 특수 창문이
열을 차단.

회전하는 태양광 패널. 태양과
가까이 있을 때는 손상을
방지하기 위해 태양으로부터
먼 곳을 향하고, 태양과 멀리
떨어져있을 때는 충분한 전력을
생성하기 위해 정면을 향한다.

방열판은 최대 500도까지 견딜
수 있다. 티타늄, 탄소 섬유 및
알루미늄으로 이루어져 있다.

#SolarOrbiter  #WeAreAllSolarOrbiters

글. 박민지

# 태양 빛으로 발전소를!

## 태양광발전의 미래

사진 출처: www.wikimedia.jpg

태양광발전이란 무엇일까요? '태양광'은 태양에서 나오는 빛을 말하고, '발전'이란 전기를 생산하는 것을 말해요. 태양광발전이란 태양에서 나와 지구에 도달하는 빛을 직접 전기에너지로 변환시키는 것을 뜻합니다. 전기를 생산하기 위해 사용하는 자원으로는 물, 석탄, 바람, 원자력 등이 있어요.

어떻게 태양광에너지를 모을까요? 광전효과를 이용해 태양전지가 붙어 있는 패널에서 전기를 생산합니다. 광전효과란 반도체가 빛을 받으면 전자가 튀어나오는 현상입니다.

한 번쯤은 건물의 지붕이나 옥상에 패널이 설치되어 있는 것을 본 적이 있으실 거예요. 그동안 태양광에너지는 농업지나 사업장에서 주로 사용했지만, 태양광 시장이 커지면서 일반 가정 주택에서도 미니 태양광을 설치해 사용하고 있다고 합니다.

지구온난화, 기후 위기 맞서 신재생에너지 산업이 점차 성장함에 따라, 전 세계의 많은 기업도 에너지 사업에 일찍이 관심을 보이기 시작했는데요.

애플의 신사옥 애플파크 건물 옥상에는 세계에서 가장 큰 17MW 규모의 태양광 설비가 설치돼 있어 자가발전할 수 있어요. 테슬라는 태양

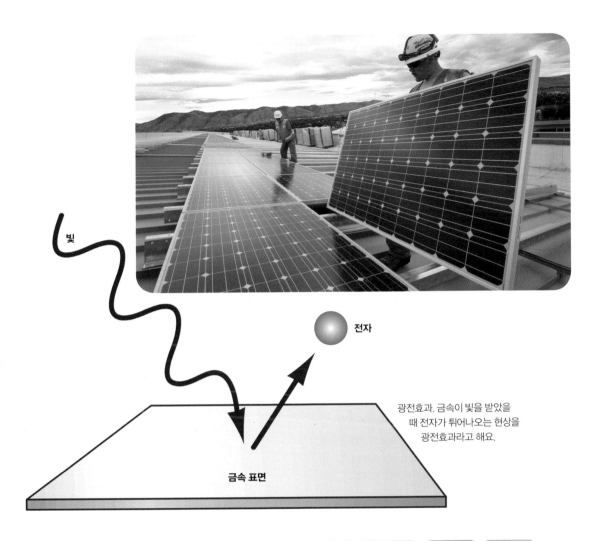

빛

전자

광전효과. 금속이 빛을 받았을
때 전자가 튀어나오는 현상을
광전효과라고 해요.

금속 표면

광 패널을 이용한 전기차, 태양광 전력을 저장할 수 있는 장치 등을 만들어 태양광 사업에 뛰어들었습니다. 한국 기업들도 뛰어난 기술력으로 해외 시장에 태양광 패널을 선보이고 있답니다. 우리 정부에서도 '재생에너지 3020 정책'을 발표해 도시형 태양광 보급 사업을 확대하고 있고요.

요즘에는 태양광에너지를 이용한 아이디어 제품(태양광 드론, 태양광 블라인드 등)도 출시되고 있어요. 아직은 개발이 더 필요한 태양광에너지. 머지않은 미래에는 우리가 조립했던 태양광 전기 자동차를 직접 타고 다닐 수 있지 않을까요? 🏭👤

### 더 알아보기

**태양광발전의 장점**
- 친환경 에너지로 무제한으로 전기를 공급받을 수 있어요.
- 전기 요금을 줄일 수 있어요.
- 온실가스를 줄일 수 있고, 공해를 줄일 수 있어요.
- 패널 수명이 25~30년으로 오랜 기간 동안 사용이 가능하고, 폐패널도 재활용이 가능해요.

**재생에너지 3020 정책**
2030년까지 2030년까지 재생에너지 발전량 비중을 20%까지 늘리겠다는 정부의 에너지 정책.
신규 설비용량의 95% 이상을 태양광, 풍력 등 청정에너지로 공급한다는 정책을 담고 있다
(출처: 산업통상자원부).

글: 박민지, 이준호
사진 출처: www.shutterstock.com

# 태양을 신으로 생각했던 사람들

## 태양을 바라보는 인간의 역사

옛날이나 지금이나, 인간은 태양 없이는
살아갈 수 없다. 하지만 과학이 발달한 지금,
현대인이 바라보는 태양은 옛날 사람들과는
많이 달라졌다. 인간이 태양을 바라보는
시각은 어떻게 변해왔을까?

**이준호**
청주교육대학교에서 초등교육을 전공했습니다. 저서로는 『한 권으로
끝내는 세상의 모든 과학』, 『과학이 빛나는 밤에』가 있습니다. 지금은 인천
백석초등학교에서 근무하며 아이들을 위한 과학동영상 콘텐츠 제작에 힘쓰고
있습니다. 62~65쪽

우리는 태양 마차를
끌고 하늘을
가로지르지!

# 태양 없이는 살 수 없어!

지구의 많은 동식물처럼, 사람도 태양 없이는 살 수 없어요. 사람이 음식에서 얻는 에너지도 태양으로부터, 생활하는 데 필요한 전기나 석유가 가진 에너지도 태양으로부터 오지요.

현대의 사람들은 태양의 에너지로부터 전기를 얻기도 하고, 태양의 힘으로 나는 비행기도 만들어요(이 비행기에 대해 알고 싶으면 64쪽을 보세요!). 그런데 과학이 발달하기 전의 옛날 사람들은 태양을 어떻게 생각했을까요?

까마득한 옛날 우리의 조상들도 지금의 우리처럼, 사람은 태양 없이는 살아갈 수 없다는 것을 잘 알았어요. 식량을 생산하기 위해 농사를 지으려면 태양의 움직임을 잘 살펴야 했거든요. 고대 사람들은 태양을 신으로 생각했고, 왕의 힘도 태양으로부터 온다고 생각했지요.

우리가 재미있게 읽는 옛날이야기 속에는 옛날 사람들의 이런 생각이 잘 나타나 있어요. 그럼, 태양에 얽힌 옛날이야기부터 들어볼까요?

(아래)헬리오스의 아들 파에톤은 아버지의 태양 마차를 몰다가 사고를 내서 대지를 불태우고, 자신도 결국 떨어져 죽고 말았대요. 이 그림은 17세기 프랑스 화가 니콜라 베르탱(Nicolas Bertin)이 태양 마차를 모는 파에톤을 그린 작품이에요.

**사진 출처**: Zairon(commons.wikimedia.org)

# 왕의 힘은 태양으로부터!
# 한국의 일월 신화

옛날 사람들은 태양에 대해서 어떻게 생각했을까요? 고대 국가들의 지도자와 백성은 태양을 신으로 모시고 따르며 숭배했다고 전해집니다.

### 한국의 일월 신화, 연오랑세오녀

신라 시대, 한 바닷가에 연오랑과 세오녀 부부가 살고 있었습니다. 어느 날 남편 연오는 바위에 몸을 싣고 일본으로 떠나, 그곳에서 왕이 되었습니다. 남편을 잃어버린 아내 세오는 남편을 찾아 일본으로 갔죠. 부부가 재회 후 세오는 귀비가 되었습니다.

이때 신라는 해와 달이 빛을 잃게 되었습니다. 일관(日官)이 말하기를 "태양과 달의 정기가 일본으로 건너가버려 괴변이 생겼다"라고 하였고, 이에 신라 국왕은 사신을 일본에 보내 이들 부부를 찾게 됩니다.

연오는 그들이 일본에 간 것은 하늘의 뜻이라 말하며, 세오가 짠 비단으로 하늘에 제사를 지내면 다시 해와 달이 밝아질 것이라고 하였습니다. 이에 사신이 가지고 온 비단을 모셔놓고 제사를 드렸더니 해와 달이 옛날같이 다시 밝아졌다고 합니다.

연오랑세오녀 이야기는 『삼국유사』에 실려 있는 우리나라의 해와 달 이야기예요. 현재 포

연오랑세오녀 설화를 바탕으로 한
포항시 마스코트 연오, 세오.

사진출처: 포항시청(www.pohang.go.kr)

항시에는 연오랑세오녀 테마공원이 조성되어 있고 문화제 등 행사도 열리고 있어요.

### 세상을 해처럼 밝게 다스려라, 박혁거세

〈한국을 빛낸 100명의 위인들〉이라는 노래 가사 중, '알에서 나온 혁거세'도 태양 숭배와 관련이 있어요.

신라 시대 최초의 왕이자 박(朴)씨의 시조인 혁거세는 하늘에서 내려온 말이 두고 간 알에서 태어났어요. 이 아이를 동쪽 냇가로 데리고 가 목욕을 시키니, 새와 짐승들이 춤을 추고 하늘과 땅이 흔들리고 해와 달이 밝게 떴어요. 마을의 지도자들은 아이의 이름을 '혁거세'라 지었어요. 밝게 세상을 다스릴 사람이라는 의미에서였지요.

(오른쪽 아래) 포항시에 있는 연오랑세오녀 테마파크.
**사진출처:** www.phcbs.co.kr

사적 제172호, 경주 오릉. 『삼국사기』에 따르면, 박혁거세와 왕후인 알영부인, 다른 4명의 박씨 임금의 무덤이라고 해요.
사진출처: www.gyeongjuimage.or.kr

연오랑 延烏郎
細烏女 세오녀

# "태양은 곧 신이야!"
# 고대 사람들의 태양 숭배

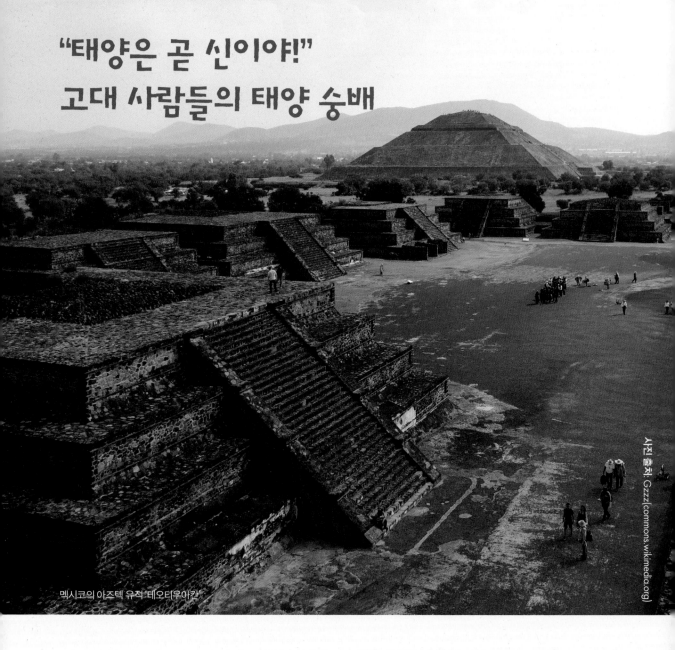

멕시코의 아즈텍 유적 '테오티우아칸'

**태양을 신으로 숭배했던 이집트와 아즈텍**

'태양 숭배'하면 이집트가 빠질 수 없죠. '라(Ra)'는 고대 이집트의 태양신입니다. 고대 이집트의 왕인 파라오는 태양신이 점지한 살아 있는 신으로서 절대적인 권력을 행사했어요. '라'는 주로 독사가 감긴 둥근 태양 원반이 머리 위에 나타난 모습을 하고 있어요. 이집트 벽화나

피라미드, 유물 등에서도 쉽게 태양을 상징하는 무늬를 발견할 수 있습니다.

남아메리카에 있었던 고대 문명인 아즈텍에서도 태양 숭배는 쉽게 찾아볼 수 있었어요. 아즈텍족은 전쟁에서 이기면 포로를 잡아 제물로 삼고, 태양을 향해 원주민의 심장을 칼로 도려내어 신께 바치는 의식을 치렀습니다. 이들

머리 위의 빨간 원은 바로 태양이야!

은 가뭄, 전염병, 오염된 땅 등이 모두 태양신이 노해서 생긴 일이라고 생각했습니다.

(오른쪽)태양신 '라'의 모습. 매의 머리를 한 '라'는 고대 이집트에서 가장 중요한 신이었어요. 머리 위의 붉은 원이 태양이에요.

### "태양이 사라지다니, 무서워!"

옛날 사람들은 태양이 달에 가려져서 보이지 않게 되는 현상인 일식도 매우 불길하게 생각했어요. 개기일식 현상이 일어나자 태양의 후예들에게 신이 응답하셨다며 환호하는 모습이 영화 속 한 장면으로 나오기도 했는데요. 이처럼 고대 국가 사람들에게 태양이란 절대적인 우상이며 메시지를 주는 상징적인 대상이었습니다.

지금 보면 비과학적이지만 그 당시 사람들은 태양을 절대 권력인 신으로 모시며 정신적으로도 의지하며 지냈다는 것을 알 수 있어요. 현재에도 우리는 종종 위대한 지도자나 위인을 태양에 비유하곤 합니다. 그만큼 태양이 가지고 있는 힘이 크다는 것을 알 수 있겠지요?

'테오티우아칸'에 있는 '태양의 피라미드'.

# 태양의 정체를 밝혀라!
# 태양 빛에 대한 오해의 역사

헬름홀츠의 상.

앞으로는 내 이름도
기억해 줘!

### "신의 힘으로 빛나는 거야."

도대체 태양은 어떻게 빛나는 것일까요? 앞에서 살펴보았듯이, 최초의 오해는 '신'이었습니다. 신이니까 그 강력한 힘으로 빛난다고 이해하면 아무런 문제가 없었죠. 물론 가끔 이상한 생각을 하는 사람도 있었습니다. 고대 그리스의 철학자 아낙사고라스는 감히 태양을 일컬어 신이 아닌 '불타는 돌덩어리'라고 했다가 신들을 모독한 죄로 아테네에서 추방되어 다시는 돌아오지 못했죠.

### "석탄이 타듯이 불타는 거야."

19세기, 석탄을 연료로 산업혁명의 불꽃이 타오르던 시대에는 태양 역시 타오르는 석탄으로 빛을 낼 것이라고 오해하기도 했습니다. 그런데 태양의 질량과 석탄의 연소열로 따져보니 겨우 3,600년 정도밖에 탈 수 없었죠. 산소 공급도 문제였습니다. 석탄이 타려면 산소가 있어야 하는데, 우주 공간에서는 산소를 무한정 공급할 수 없으니 태양 질량의 반 이상은 산소여야만 했죠. 그렇게 되면 태양의 수명은 2,000년도 안 되었습니다. 인류 문명보다 더 짧은 수명이니 말이 안 되었죠.

## 물리학이 밝혀낸 태양의 정체

19세기에 발달한 물리학은 태양의 수명을 상당히 늘려주었습니다. 물리학자 헬름홀츠(Helmholtz)는 거대한 질량을 가진 태양이 중력 때문에 수축하며 '위치에너지'를 '복사에너지'로 방출한다는 이론을 세웠죠. 에너지의 형태가 바뀌는 겁니다. 손으로 공을 들고 있으면 별다른 에너지가 없는 것 같지만 위치에너지가 숨어있죠. 높이 있는 공이 떨어지면 '숨어 있던 에너지'가 '눈에 보이는 에너지'로 전환되어 나타납니다. 이것을 운동에너지라고 하죠. 덕분에 공에 맞은 사람은 살짝 아픕니다. 태양에서도 마치 공이 떨어지는 것처럼 수축이 일어났고 그와 동시에 '빛'이라는 에너지로 전환되었다는 것이 헬름홀츠의 주장이었습니다. 덕분에 태양의 수명은 그나마 1,500만 년 정도로 늘어났죠.

그런데 이번엔 지구의 나이가 문제였습니다. 과학자들이 지구의 나이를 측정해보니 수십억 년에 달한다는 결론이 나왔거든요. 진화를 연구하는 생물학자도, 암석을 연구하는 지질학자도 그 정도는 되어야 한다고 생각했습니다. 그런데 태양의 나이가 지구보다 더 적은 1,500만 년이라는 것은 역시나 말도 안 되는 이야기였죠.

오해의 역사는 아인슈타인(Albert Einstein) 덕분에 끝납니다. 그가 아주 작은 질량 속에도 엄청난 에너지가 숨어 있음을 알아내면서, 태양은 수십억 년을 계속 타오를 수 있다는 것을 알게 되었거든요. 그가 없었다면 지금도 사람들은 또 다른 신기한 오해를 하며 태양을 바라보고 있었을 겁니다.

나의 '상대성 이론', 들어본 적 있지?

아인슈타인.

# 태양 빛으로 나는 비행기

태양 빛으로만 하늘을 날며 세계 일주를 할 수 있을까요? 잠시만 상상해봐도 문제들이 떠오릅니다. 태양이 없는 밤에는 어떻게 하죠? 만약 착륙할 곳이 없는 태평양 위를 날고 있다면 큰일 날 텐데 말입니다. 물론 충전지를 많이 설치하면 되겠지만 그러면 비행기가 무거워져서 오래 날기 힘들어집니다. 화장실, 침대 이런 편의시설도 무거우니 빼야 할까요? 그러면 세계 일주를 하는 그 오랜 시간 동안 불편해서 어떻게 견뎌내죠? 물론 이 모든 문제를 해결하려면 태양 빛을 많이 받아 전기를 많이 만들어내면 되니까

태양광발전판을 아주 넓게 많이 설치하면 됩니다. 아주 큰 비행기 날개를 만들어서 그 위에 설치하면 딱 알맞죠. 그러나 그러면 또 비행기는 무거워집니다. 문제는 도돌이표처럼 반복되죠.

## 솔라 임펄스

이런 어려운 문제들 속에서 도전한 사람들이 있습니다. 스위스의 의사였던 베르트랑 피카르와 조종사 앙드레 보슈메르죠. 그들은 문제를 해결하기 위해 가벼운 탄소섬유를 이용했습니다. 덕분에 그들이 만든 태양광 비행기 '솔라 임펄스

솔라 임펄스의 모습.
날개 위에는 태양전지가
빼곡히 들어 있어요.

(Solar Impulse)'는 보잉 747보다 더 긴 72m의 날개에 1,700여 개의 태양광발전판을 설치했는데, 무게는 무게는 2.3t에 불과했죠. 150t이 넘는 보잉747에 비하면 종이비행기처럼 가볍지요. 그 덕분에 한 번 충전하면 5일 동안이나 비행이 가능했습니다. 조종석은 다목적 시트로 만들어서 침대와 화장실 기능까지 할 수 있고요.

## 힘겨운 도전

마침내 2015년 3월, 아랍에미리트 아부다비를 시작으로 세계 일주를 떠났어요. 철저한 준비를 했지만, 비행은 그야말로 '악전고투(惡戰苦鬪. 어려운 조건을 무릅쓰고 힘을 다하여 고생스럽게 싸우다)'였습니다.

솔라 임펄스는 기체 무게를 줄이기 위해 내부 온도와 기압을 조절해주는 장치를 달지 않았었거든요. 37도까지 올라가는 더위에 산소호흡기를 단 채로 비행을 해야 했고, 태평양 위를 날아갈 때는 8,900km의 구간 동안 착륙할 곳이 없어서 120시간 연속 비행을 하면서 하루 20분밖에 자지 못했었죠.

힘든 조건 속에서도 그들은 최선을 다했고 결국 기름 한 방울 쓰지 않고 세계 일주에 성공합니다. 성공도 대단하지만, 더 훌륭한 것은 그들이 기후변화와 환경오염으로 어두워져 가는 미래를 바꾸기 위해 도전했다는 것이죠. 우리도 생활 속 작은 실천을 통해 그들의 도전에 동참해보는 것은 어떨까요? 🎬👤

# 추천 문학

### 마두 탐정 사무소

이승민 글 | 나인완 그림 | 뜨인돌어린이 | 11,500원

**태양계 어디든 출동 가능!**

화성에 사는 환상의 탐정 콤비, 마두 탐정과 안드로이드 조수 SQ는 아들을 찾아달라는 할머니의 의뢰를 받아요. 그는 유명한 기계공학자인 이석 박사! 마두 탐정은 특별한 광물이 박사의 실종과 관계가 있음을 직감합니다. 그리고 이 모든 것이 태양계를 집어삼키려는 악당들의 음모임을 알게 되는데요. 태양계를 배경으로 펼쳐지는 스펙터클 어드벤처와 함께하세요!

### 바닷속 태양

문미영 지음 | 푸른책들 | 11,000원

**인류가 모두 해저도시에 살게 된다면?**

오랜 전쟁과 환경오염으로 전 인류가 해저도시에서 살게 된 미래사회. 최고의 해저도시 '센트럴 돔'과 거대기업 '오션 제약'은 주변의 수질 오염을 이유로 해저도시를 더 밑으로 옮기는 계획을 발표합니다. 그사이 몰래 육지를 연구하던 환희의 아빠는 누군가에게 납치를 당하는데요. 과연 환희는 센트럴 돔'과 오션제약의 음모를 파헤치고 아빠를 되찾을 수 있을까요?

# 추천 과학

## 매기 박사의 태양계 여행 ~지구에서 오르트 구름까지

매기 에더린 포콕 글 | 첼렌 에시하 그림 | 베블링북스 옮김 | 산하 | 13,000원

**상상실험으로 떠나는 태양계 탐험!**

〈지식의 숲〉 29권. 유명한 우주과학자 매기 박사와 함께 떠나는 어린이를 위한 태양계 여행안내서. 세밀한 삽화와 재치 있는 질문들과 함께 우주여행을 위한 다양한 예비지식을 소개합니다. 상상만으로 특수상대성이론을 세운 아인슈타인 박사처럼, 매기 박사도 상상실험만으로 지구에서 오르트 구름까지를 여행해요! 광활한 우주의 신비 속으로 우리 같이 떠나볼까요?

## 태양계 너머 거대한 우주속으로

자일 스패로우 글 | 이강환 옮김 | 다섯수레 | 21,800원

**미래의 우주인 친구들 모여라~**

〈알고 있나요?〉 2권 우주. 우주의 신비와 궁금증을 해결하려는 사람들의 도전 과정을 A부터 Z까지 알려줍니다. 우주로 떠나는 데에는 천문학자, 물리학자, 우주비행사 등 많은 사람이 필요한데요. 어떻게 우주를 연구하는지, 여러 우주기관에서는 어떤 우주선과 로켓을 발사했고 발사하게 될지를 살펴볼 수 있어요. 미래의 우주인을 꿈꾸는 친구들의 필독서랍니다!

# 태양광전기자동차 조립법 및 사용법

※ 조립법은 다음 동영상을 참고하세요.

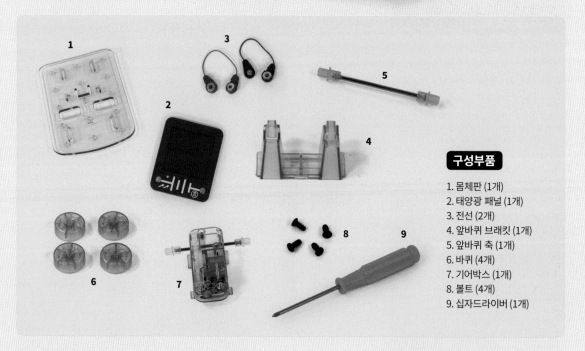

## 구성부품

1. 몸체판 (1개)
2. 태양광 패널 (1개)
3. 전선 (2개)
4. 앞바퀴 브래킷 (1개)
5. 앞바퀴 축 (1개)
6. 바퀴 (4개)
7. 기어박스 (1개)
8. 볼트 (4개)
9. 십자드라이버 (1개)

## ⚠ 주의 "조립하기 전에 꼭 읽어주세요!"

- 조립하면서 다치지 않도록 주의해주세요.
- 나사 등 작은 부품이 있습니다. 질식 등의 위험이 있으니 삼키지 않도록 주의하세요.
- 부품은 잃어버리지 않도록 주의해주세요.
- 조립법, 사용법, 주의사항을 잘 읽은 후 조립하세요.
- 안전을 위해 설명서의 사용법을 반드시 지켜주세요.
  또 사용 중에 파손 변형된 제품은 사용하지 마세요.
- 조립 도중 사용자에 의한 파손, 분실 등은 책임지지 않습니다.

조립 방법이나 부품 불량 등에 관한 문의는 makersmagazine@naver.com으로 메일 주시기 바랍니다.

### 나사 고정 시 주의

- 나사를 무리한 힘으로 조일 경우 나사선이 어긋나거나, 나사가 박히는 부분이 손상될 우려가 있으니 주의하세요.

# 태양광전기자동차 조립법

## A 기어박스 조립

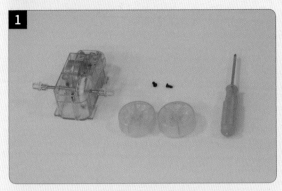

기어박스, 바퀴 2개, 볼트 2개, 십자드라이버를
준비합니다.

기어박스의 축에 바퀴를 끼웁니다.

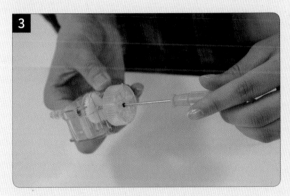

십자드라이버를 이용해 볼트로 바퀴를 조여줍니다.

반대쪽 바퀴도 같은 요령으로 조립합니다.

## B 앞바퀴 조립

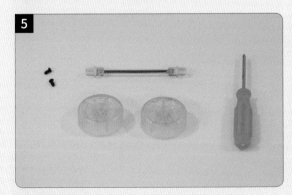

앞바퀴 축, 바퀴 2개, 볼트 2개, 십자드라이버를
준비합니다.

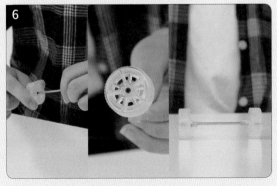

앞바퀴 축 양쪽에 바퀴 2개를 각각 볼트로 조여줍니다.

## C 몸체판 조립

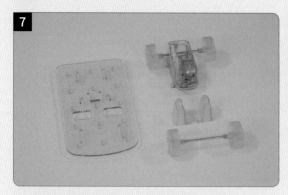
**7**

몸체판, 앞바퀴 브래킷, A, B 단계에서 조립한
기어박스와 앞바퀴를 준비합니다.

**8**

몸체판에 기어박스를 조립합니다.

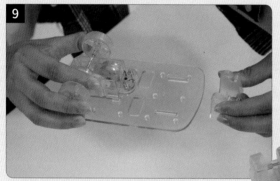
**9**

몸체판에 앞바퀴 브래킷을 끼웁니다.

**10**

앞바퀴 브래킷에 앞바퀴를
끼웁니다. 앞바퀴가 좌우로 조금
움직이는 것이 정상입니다.

## D 태양광 패널에 전선 연결

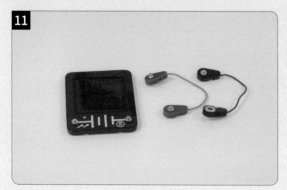
**11**

태양광 패널, 전선 2개를 준비합니다.

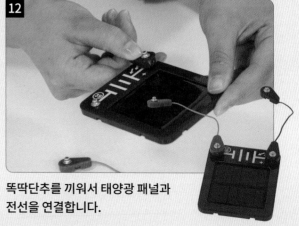
**12**

똑딱단추를 끼워서 태양광 패널과
전선을 연결합니다.

## E 태양광 패널 조립

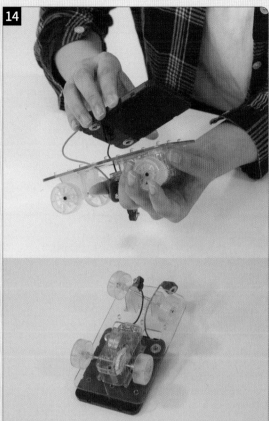

C에서 조립한 자동차 차체와 D에서 조립한 태양광
패널을 준비하고, 차체판에 있는 두 구멍으로 두 전선을
각각 통과시킵니다.

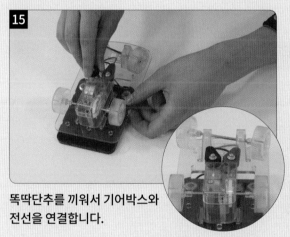

똑딱단추를 끼워서 기어박스와
전선을 연결합니다.

차체에 태양광 패널을 끼워 고정시킵니다.

완성~!

# 태양광전기자동차 사용법

햇빛이 잘 비치는 날, 태양광전기자동차를
밖으로 가지고 나가봅시다.
햇빛이 비치는 것만으로도 바퀴가
움직이는 것을 볼 수 있습니다.

평평한 바닥에 놓으면 태양광전기자동차가
앞으로 굴러갑니다.

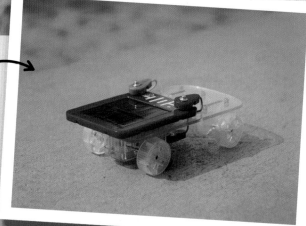

흐린 날은 햇빛이 강하지 않아
태양광전기자동차가 잘 움직이지 않을
수 있습니다. 햇빛이 잘 비치는데도
움직이지 않으면, 전선이 잘 연결되어 있는지 확인하세요.
창문을 통해 들어온 햇빛으로는 창에 설치된 필터 등의
영향으로 잘 작동하지 않을 수 있습니다. 이럴 때는
야외에서 사용하시기를 권합니다.

울퉁불퉁한
바닥에서는 잘 움직이지
않습니다.

# Quiz
## 읽고 대답해봐요

**에너지에 관해 공부해봐요!**

**①** (        )는 움직임이나 효과를 얻기 위해 사용되는 것으로서,
기계를 움직이거나 생물이 살아가는 데 필요합니다.

힌트: 16~17쪽을 보세요!

---

**②** 에너지에는 다양한 형태가 있습니다. 에너지가 하나의 형태에서
또 다른 형태로 바뀌는 것을 (        )이라고 합니다.

힌트: 18~19쪽, 32~33쪽을 보세요!!

---

**③** 식물은 광합성으로 햇빛의 에너지를 흡수해서 영양분을
만듭니다. 동물은 식물이나 다른 동물을 섭취하여 에너지를
얻습니다. 생산자인 식물이 흡수한 태양에너지가
최종소비자에게까지 이동하기 때문에, 생태계의 모든 생물은
(        )에서 온 에너지를 이용하는 셈입니다.

힌트: 20~21쪽을 보세요!

# Quiz
## 읽고 대답해봐요

메이커스 주니어 02 태양광전기자동차

**에너지에 관해 공부해봐요!**

④ 물이 순환하는 것도, 바람이 부는 것도 (          )에서 온 에너지 때문입니다.

힌트: 22~23쪽을 보세요!!

⑤ 인간은 여러 가지 에너지를 사용합니다. 석탄, 석유, 천연가스와 같은 화석연료나 태양광, 수력, 풍력 등입니다. 이렇게 인간이 쓰는 에너지도 (          )에서 왔습니다.

힌트: 22~25쪽을 보세요!

⑥ 태양은 스스로 빛과 열을 냅니다. 달과 행성은 태양의 빛을 반사해서 빛나고 있습니다. 태양처럼 스스로 빛과 열을 내는 별을 (          )이라고 합니다. 태양도 밤하늘의 수많은 별 중 하나이지요.

힌트: 44~45쪽을 보세요!

정답을 보고 싶으면
아래 QR코드를 확인하세요.